6		14		2		13	7			5	4	9	1
				3			10		4						14
														8	6
	7	14			6		5	9	12						
							11								
					1	5	2	4	13			12			8
						6		1	8	16					
14			1	13	10				3			6			7
16			5	1		15	8	14				13			
		15								6	2	8			
			7		12		9	2							11
1			6					7	9			3		16	
12	2	4											1	15	
5					2	14									
				12			3		16					7	
		16					4	5	2						

puzzle 2

	5			1		9					14	8		13	
			2	11		6	14	9	7		13	16	15	10	
13	4			10	16			11					14		7
16	9		14	15			13					11	6		3
	10		9	16					2	11					
2	15	11	7				12				1				10
		14	8	9				15		16		2			
				15						10			3		
					9	1	8	10					12		
		16	3	2		10	7						5		
						16			1						
	12		6	4	13			5	9	14		10		11	
7					3	11		4				12			
		8		13	4			6					10	15	16
			4	6	8						15		11		5
													3		

puzzle 3

Dive into the world of Sudoku with our captivating puzzle book, featuring 37 meticulously crafted challenges that cater to puzzlers of all skill levels. Whether you're a seasoned solver or new to the game, this collection offers a diverse range of puzzles

SOLUTIONS ARE AT THE BACK OF THE BOOK

	4					16				2	14				
	15			14				4	16					12	13
7		14		3			2	6	1	10			9	4	
2			5			13	12	9					15	1	
10			1		8			3	5					14	
12	9			1				8					16		
	14				12			7				3	13		
		4				3		1							
15	13		2	6				10	14			12			
			14							5	6				10
		11			10	12		2	15						
							14				12	4			
	8			4						1			3	6	
	2							14	3		4			13	9
		15		5	13			12				7			
										2	8		4		

puzzle 1

			16			6		9			3	1		8	
6										5			16		
	8	2				12			7	4	15	11			
			12	8	15			14		11				5	6
			14	3	13		6	5	12	1					
	2				4		14			15		12			
1		3	15		8						13				
					1		12	10			8	16	6		14
		9	7	11	2	3		8	14		1	5		15	12
		16							5			8	9		11
			12		4	10								6	3
		4	10		8	1			13	3	6	2		7	
8		1			5						10	4			7
2						8		16							
15			13		12	9		1			7				
														9	

puzzle 4

5	15		16										7		11
	10				16			5	6	7					
	14	7	6	5					11	15	2		4		
13			11	14											
2		3		6			7		14						5
4		16	13	8					6	1		12			
				16	3	5	2			10	14				8
			5	1	10			3		13					16
1			3		2		16		9	6	4				
			14	12				1					11		
	2	15		9		14				10		13			
6		12	4									14			
12			2	16		8	14								
	4	11	8			2		16	10		13	6			14
16		9							14			2	10	4	
14		13	15				10		12	1					9

puzzle 5

			5	16						7					13
1				13					10	6					
	7				9	10					8				
15	4			8	5		2			14	16	3	12		
		14		16											
		12	11		7	13								14	
		14				5			12						15
				9		1	13	10	14						
8				7	4	14	15				3				11
		4	10	5				16	1		15	2			8
		14	1		16			12	6				16		
	13							11					16		
11	10	5					4	6	12	1					
	2		1	9					15		3		12	5	4
	12									4					10
16				11		12			14			15	2		

puzzle 6

				3	4	16									
5	8	13			12	1					7		16		
		9	16	7			11		12	15		2			4
					8	16		2							
8					16					10					15
7		4						15				1	9		
	14	10		8				13		12	5				
3		2	1	14						11	9		12	6	8
				16	3					8	10				
		15		5		8				11	16				
			15	10		13								11	1
			14	11	12	15				4	2				5
13		14		10		5			4						
		6									7		9	13	2
		3	7			1	4		12		5		16	10	
16						9		13	15		1	4		8	

puzzle 7

5	15	8	10	1	12	6							11		
					14	8				11			12		
					3	11			6		5	16	1		
			11						8	12	14			7	
	5	4					6	12						2	
				10	13					5			3		
3	6	7		9			4	1				10	8		16
			8		1			2	3			12		5	7
		6								8	3		7		1
				12	6	11		2	16	9				3	
				13								8	6		5
		3			10				14				12		
				6			16	10		12	8			13	
9		16	3	2	8			1	6					15	
	4										16				
12					1		9	11	13						3

puzzle 8

	9		3				2	15		4		11	13		16
			7		16					11					4
		1	5	13		11							15		
			13	4		12	14								
					14	4	7	12		16	8				
	11			13				14		10					
12			6		2			5			4	9	3	14	
				6	8		13								
				1			2		15						10
				7	12	1	4	6				15	5		
		9	16	5	6								1		12
1				3									7		14
			7	6	14	3		10		2					
			16							5		12			
14			16	2				6	3	8					15
			4	12	7		5	13		1			2		

puzzle 9

1	2	3	4	5	6	7	8	9	10	11	12	13	14	15	16
2	13	12			5				7	3		9			
6	5							15	4			12	11	14	
15				3				13		10		5	8	7	
	9	10	16		11			6					2		3
		9		4	13	3		10							
	11	13		6				3			16		10	5	
14			12		2			4	15	1	5		6	3	
3				7				14				16	4	12	
11		6				4	3	1					12		
					6			5		15				9	
9	4			1	7							11			
				10	9						11	6		2	
							5	9			15	2			
			13				12	8					9		
			1			14			3		2			8	
			11	9				12		14			15		

puzzle 10

15		7		16	2				3				13		5
14								16	13			2	6		8
	9		11			12								16	
		13	2		14		3					10			
3		9				13		4			10	6	8		
			16					2	12						7
5		12	4		8	1		11	9	3	16		10		
	7							1							9
	3											15			
				8	3				13				11		
13		11			12		4				3	9			
	2		7	9			15			4				10	
7					4										
	4			1		16				11	14			3	
	14				11	7		3	10	2	4			6	13
				14					1	12			15		

puzzle 11

16×16 number placement grid:

C1	C2	C3	C4	C5	C6	C7	C8	C9	C10	C11	C12	C13	C14	C15	C16
	3								5			11			
				16	3	7			15	11		2			13
		9	5	12		10							14		
7		6				11		10				5	3	16	4
		9	16			12		1				4	11	7	
	7	4	8	13	10					15					3
3		14	8	11	7		13		9			12			
							7				8	14			
12					15	14		11	13			5			
	9		3	8					1						11
14	1		16	11					2		13				
	14				9			12							
1	11	5		12	4		2				13	9			
		2	14				6	3	4				1		
						6									

puzzle 12

c1	c2	c3	c4	c5	c6	c7	c8	c9	c10	c11	c12	c13	c14	c15	c16
	15											10		8	2
		10		12							16	13			
				15	10	13			6			5			
		8	13		1	7	11		5			12		6	
		4			15	9									
			11					14			7				
10		16	13						12		3		1		
			8					13		5		6	12	10	4
						15		2				9	10		
4			2				10	8					13		14
				7	9	8	13			12		2	5	4	
11					2			5				15	8		12
	11			3	4		7						2		10
		6					5						15		
	1	5										4			
	4	2			13			7			11		6	5	8

puzzle 13

				12	4			9				3			6
	12			10	9	13						1			
	9	6		1			2					10			11
	11				5			13	7	15	1		12	9	8
		13									5				
1	16			6	8		9	2			4			3	15
													11	14	
					11		4			1		12	5		
					12	9	14			8					
	1	8		4		15	5	11				9			14
3				2			7			15				4	12
11					1			4	2		9				5
10		4	16		14		8		12			5		1	
	14	5	11		3									7	
9			15	7	6			14	10		8		4	11	16
			13					6					9	12	

puzzle 14

puzzle 15

				7	3	14		10				5			
12	5			4		10				11					
	7				13		9					3			10
						6	1	16							
					8	5		9						6	16
				7		12	16			6	15			10	
											12				
	6	10		15	1							7	4		8
	9							4	5	13			1		15
				8		7					2		10	5	
		6		1	5	13		15				2			
			5	14							12		16		
	13			15								10			
				8	3		1			11		4		15	
15				13							1		7	3	
		3		5		11	15		16	9					

12				1				8		11					
	11			9			10	7				13			
	4	5	3		11				6	2	12				
10			15				8	13		14	9		4		
1			5			2		14	3						
		11		12		15	16			7			13		
		8		14			7						10		4
	16				3								14		
3				2		9			15			4			
	15	10	4	13	8		5		9						
	8	14			4					5			1	9	
			2					11			4		5	10	
7	10					1				6				13	
5	1		11		13								14		7
			6				12	2				8			
	14	3		7		16						1	6		

puzzle 16

		10				3			6	5	2			4	
				10		6	9		4			15	1	3	16
		1		8					15					10	
		9	15	12		16						6			
	2			10								11		6	
	12	7		9	14	2		10	8			13			
8	14	13		7						11					
	9					8		13		5			14		3
9		2	7	1							15			11	13
				11	8	7	3							2	
				5	9						11		7		
15							6		8			16		9	10
		4													7
	15		12		5				10						14
7	1	14	5	3	13	9					4				
10		6	8			16	11	1						5	

puzzle 17

4				16	6	10							8		
	2	9	10		11	5					8			12	13
12							7								
11				12	4			13		2	6				
	12				8		4		15						9
		10			13	9						8			
			8	7		5	14		6	13		12			1
		13			11				12	8					
		7				14		6	1			3			
					2				3						
					1		11		8	14	13			16	
8	16										5				
9	3		7				16	14							6
	15		1			6	9			16	4				12
		6		3	12				13				10		
		16		1	5			11		6			3		

puzzle 18

				8			9	5							7
7	10	9		13	5				4				8		
		11								8		5	1		
	5		6	14			1			9			11	4	
	11							12	9			13	14		3
	6	13			4					11	7		2		
			9	16		3									
	8	2						13							
						5		1				4	6	16	
		11	12			14			6				9	13	
9					1	13						11			2
	13	10				15	2			14	12		1		
11	16		12	5			7		2		10	3			
	3	6					15				9				
10									3			9		14	4
			1								15	12			10

puzzle 19

				4					9		5	10	15	1	
4			9		12	13		11	16		15	2			
15						11			13		10		14		
	8						1	4	12	14	7	11		16	
6		9	14	13								3			16
5		13			10	6									2
		7				12			6	9			8		4
						1		12				6			
		5	13			8			15		14				
14	4			2				10		13	6	8			
2	10	8			7	3				16	9				14
16		12		14		10					8				
										5		12	16		
12			8							4	13				
					8		10	9					4	15	
				13	16							14	2		

puzzle 20

2		8	11	1		12	9	10	14			13		7	
	4	13	9		10				2	11	3	5			
			4					5	13				2	16	
		16	5			3	13		4						10
11	1		6					5	7	16	10	3	4		12
	9		2					12	8	1		16	6	5	
16	8			3			10	2		9				1	
4	10		13					14						1	
8		12		9					1						
6															
	16				14		3	4					6		9
	2	1						7	13						
							12						11		
		6			8					7			12		
			11		9			15	16	6	1	2			
		16	10					11				6			

puzzle 21

12			8		4					15				6	
		15	12							1		2	14	10	
4	16	13			14					8		12			
	3	10	9										16		
		12		11								10			
13	10			12	7	11	1								9
	7			15	5	10			16						
1						6						8			
								16							7
		16					10		9	11					
3			14	2		8				6	9				16
11			9	16	15						5	8			
10					1					7					
		16		14	8			9	6		1				2
		15	7	5				8	14	11		6			12
14			1	11			15	16					13		5

puzzle 22

7		12					9		13			2			16
			11	8					14						
9				7					6			8		1	
	1		8				15		3	7			11		
		6			2	7	3		10			1			13
15							6	11					9		
16	10	8							9			15	3	2	
3	13	9		10	14						15			8	
	3		13	14	11			16	15					10	
4	8	12	3									16			6
		16		13	12							5			
1	14		7		10		5			6	3		13	11	
		11													
13	4		8		6							10	5	14	12
		14													
10				16	15			6	4					11	

puzzle 23

15	6	10				4	5		7			1	3		
	8		16		11							12	6		
		3				16	12				15	4	11		
			11		1	3	8		4	13					
2	14	7		12	5						6				
8	12	5													
							13			10					
	11			10	16		9			15	7		12		
						10		6							
6				8					16		4				
		12					10					7	8		
13	10	14	4	3		5							2		
						1	14	3		4		8	15		
															10
				13	6						3		14		
		11	3		8						16	6	5		

puzzle 24

	3				5				10				7		1
		7					3		9		15		5		
	4		11		12		14	7		5	6		10	9	13
	15			10	8			1		12			3	16	
		5		1	13				7	11	16			12	
					3				14						
	16				11			10	8		13				15
13			2		6	8		5						7	
15														10	6
	12	11						6	4		14				
8	7				14		6			15	10		2	11	
				10			16							4	
6			16			5				11	7				
11		10	7			12	1	3		16			9		5
						14								3	
3										4	7				

puzzle 25

puzzle 26

	12	8			10			2					6	7	
10							1	3	12	7		2	8		11
	16		3	8	13	7									
6	7					14					8				12
						10	6	16			14	12			
16	15	6	13										4	8	10
14					1					15			5		9
								13				7		1	
	5		15	6	14			7			10	8	16		
3		14	10			2	5								
		2	16	1		11				4	3				
13	4	12	8			16								14	1
15	2	4		13	16	12	3	8	11			10		6	
8							9		10					16	2
								6	3	16	5	13		4	
11				10				4							

			5			10					6				4
	8				3	14					7				
		12	3				7	5	10	4	14		11	1	
13		7		12					1						
	7		6		1		16			10	11			9	
	12			8				1	16					15	
				7	10	4					12				
16		4	13				12			7				8	10
	15		8	16	4	14	10				3		6		
				3		9	1					11	14		
				12		10	13			5					
		13		5					9				15		12
3		9		13	16				11				10		
				11	14								5	13	
12	11	14			8										
		8										15	12	3	11

puzzle 27

1	2	3	4	5	6	7	8	9	10	11	12	13	14	15	16
11			14	10	3		15			13					
10			8	4	6		16			9			13		12
				14	12		10			8				15	6
12					2	11					1				
		11				4							1		16
13			10	6			2								
		12		15				13	11		8			3	
	15				8					11	5	2			
	6	12		4				11		2					
			14			8							3	13	
		5			2					16	12		1		
	2					16									5
			6	16	15				7		10		8	12	2
	12	8		7		10			3	9		6			14
			1								5				
					13	4						16		9	

puzzle 28

							13	12	4	6		7	1		
	3			16	10	7	4	14					2		15
				11		2		16		5	15				
															6
11					3			15				10			
		9			10	6					5				16
					15								7		
	14	10					7	12			6	5			
10	8			13	16						3				
1		2		14	8			16				12			10
								11	8	14					7
	11	16		10				13				8	2	9	
					14	3				10		16			
14	9	11		15				5				6		3	
6						11			7						
		7	3	6				11				10		14	1

puzzle 29

9	14			7			4	10		8	5		13		
										4	13	5			10
				15	12	16	5								
			7	10		11				3		4			
			13			8	10	6	1					16	
		9						13	2		12				
4															
8		15		1								2	5		
										12		11			
12			9						3	13				15	
13				10		9									
2		4		3			8		5	16					
		10					15	12			1				
	13			12			7	5	8		11		2		
		12			3	2			4	10		13			
	15	8		16	13		1				3				

puzzle 30

		14									11				
						4	6		12			5		11	1
11	8	10					4								
			5			11	8				3			7	16
	1	16	9		8	3					15		7		14
											2	3		1	13
		7		14			2	11	3					15	
3	14			11									4		2
7	6														
											8				
			8		1	7			15		5		16		4
		15						16	4	6				13	5
					16	3		13	8				5		
14	4		10			2						1	3		
						9			2	7				4	
		6							11			10		9	7

puzzle 31

			2	8	7	3	13				14				
				5	11						16	9			
		16			6										12
5						9	13				11				3
3	1			12								10	9		
15			5	1		10			6		4		3		7
									3			2	11		5
		11		5		16				15		1			
7	6	16	14			5			15				8		11
							4		8					2	
	5	3		11		15	16	9	13		12	6			
10	4		12	9					16	14				3	
6		14		10				8	12					7	16
12		5				6				7					
			10		15				5				12		9
8	2		1		16	4	12		9	13			5		15

puzzle 32

			4				10					16		8	
			12			16	6		13			1	9		
		9		15		1	7	3	16	8			11	14	
10				13	3				12	9	4			6	15
	4			11	6		8				7				
12							3	8		5		4			
	10				1		16			2	13			12	7
11						4	2				6		14	16	8
1		10			7				6			5	4		14
								11	7			3			
	15	11		12	5				1	13			2		
	13	7			9				5						
			5		8				4						2
	14				16	3						11			
13		1		5		7			14		2	8	3		6
			11	1			13								

puzzle 33

						5		16	9				8	6	
	10			7				13					15	5	
					12	13	6	3	4	7	14		2	1	
		3		9								7	13	12	
	12	10				7	4	5			2	6			
				1			12						7		13
	7			13							12				
	14	13		6		8	9	11		16	7				1
1								7	9	3					
	8	7	14		16			6							
						1		14		16					
	12						13	2	1				7		
16		14								4					6
		10			12	7						13		3	
12	4	8			11			14					9		
13		1		3	14			8		10					4

puzzle 34

12				1			3						5	6	
	3								9	12					8
	5			6	4										
	6	8		10	12	7				11					
	16		9	14			8	4		6		15			3
10	15			4	9					8				14	12
7		11				6					15				
4				5	15			9							
			1		6			3	16				10	2	
5	11			15				6							7
								11	5			14			
3				7	2	5					8				
		12	5	11			2				4				6
				16		15		12				5	2		4
15									10	5			11		16
16			11		8	5		2		15				9	10

puzzle 35

			6								16				
		15					2			7			8		
13		4	7	10		12						3			
		1	3		16		2			13		4			9
	1	14			12								3	7	
	7				11		12	6					14	6	
10					16	15	4	13	11	1	2				
								7	3				9	13	
7		5			8	4	14								13
			11				3	8	4		12	14			
	4	16	12	6		2	10			13					
8			10									2			
			5			16	15				13				
	12	2									8	13			
		7			6										16
		1								3	14				

puzzle 36

1			8		7		6	13	5	2	16			10	
5	6		7	14				15					13		
13						15				4	1				16
2				13	1			10		7	6	4			8
	14							3			13	16			
					2		3								13
	13				16	5								2	
	16	15					8					6		1	
			16				11	14	13	5	9	12		6	
			11	7			14								
					6			11				2	5	16	
				5		9			7						3
			14				15	4			2			13	
														12	
			1	10						9			15	4	
16						5		6	12	13				8	

puzzle 37

solutions page

9	4	6	13	10	5	16	1	15	11	12	2	14	7	8	3
3	15	1	10	14	9	6	8	4	16	7	5	2	11	12	13
7	12	14	8	3	15	11	2	6	1	10	13	16	9	4	5
2	11	16	5	7	4	13	12	9	8	14	3	10	15	1	6
10	2	13	1	15	8	7	6	3	5	16	11	9	12	14	4
12	9	3	11	1	14	10	4	8	2	13	15	6	16	5	7
16	14	8	15	11	12	9	5	7	4	6	10	3	13	2	1
5	7	4	6	2	16	3	13	1	12	9	14	8	10	11	15
15	13	7	2	6	3	4	11	10	14	8	1	12	5	9	16
4	16	12	14	8	7	1	15	11	9	5	6	13	2	3	10
6	5	11	3	13	10	12	9	2	15	4	16	1	14	7	8
8	1	10	9	16	2	5	14	13	7	3	12	4	6	15	11
13	8	9	12	4	11	14	16	5	10	1	7	15	3	6	2
11	10	2	16	12	6	8	7	14	3	15	4	5	1	13	9
1	3	15	4	5	13	2	10	12	6	11	9	7	8	16	14
14	6	5	7	9	1	15	3	16	13	2	8	11	4	10	12

1

solutions page

15	10	6	12	14	11	2	8	16	13	7	3	5	4	9	1
9	8	5	16	3	7	13	10	15	6	4	1	11	2	12	14
3	1	13	2	9	4	12	15	10	11	14	5	16	7	8	6
4	7	14	11	16	6	1	5	2	9	12	8	15	3	13	10
8	13	7	9	4	14	3	11	6	12	10	2	1	15	5	16
6	16	11	15	7	1	5	2	14	4	13	9	12	10	3	8
2	5	3	10	15	9	6	12	7	1	8	16	4	11	14	13
14	4	12	1	13	10	8	16	5	15	3	11	9	6	2	7
16	9	2	5	1	3	15	6	8	14	11	10	7	13	4	12
11	12	15	4	10	13	7	14	3	16	5	6	2	8	1	9
13	3	8	7	5	12	16	9	1	2	15	4	6	14	10	11
1	14	10	6	2	8	11	4	13	7	9	12	3	5	16	15
12	2	4	8	11	16	10	13	9	3	6	7	14	1	15	5
5	15	9	3	6	2	14	7	12	10	1	13	8	16	11	4
10	6	1	14	12	5	4	3	11	8	16	15	13	9	7	2
7	11	16	13	8	15	9	1	4	5	2	14	10	12	6	3

2

solutions page

15	5	10	11	1	7	9	3	16	4	6	14	8	2	13	12
3	8	1	2	11	12	6	14	9	7	5	13	16	15	10	4
13	4	6	12	10	16	8	5	11	3	15	2	9	14	1	7
16	9	7	14	15	2	4	13	1	10	12	8	11	6	5	3
6	10	5	9	16	1	7	4	3	2	11	12	15	13	8	14
2	15	11	7	3	5	14	12	13	6	8	1	4	9	16	10
1	3	14	8	9	10	13	11	15	5	16	4	2	7	12	6
12	16	4	13	8	15	2	6	7	14	9	10	5	1	3	11
4	11	13	5	14	9	1	8	10	15	3	16	6	12	7	2
14	1	16	3	2	11	10	7	12	8	4	6	13	5	9	15
10	7	9	15	12	6	5	16	2	1	13	11	3	4	14	8
8	12	2	6	4	13	3	15	5	9	14	7	10	16	11	1
7	14	15	10	5	3	11	1	4	16	2	9	12	8	6	13
5	2	8	1	13	4	12	9	6	11	7	3	14	10	15	16
9	13	3	4	6	8	16	10	14	12	1	15	7	11	2	5
11	6	12	16	7	14	15	2	8	13	10	5	1	3	4	9

3

solutions page

4	7	14	16	13	5	6	11	9	10	12	3	1	15	8	2
6	11	15	1	10	3	14	7	13	8	5	2	9	16	12	4
5	8	2	3	1	16	12	9	6	7	4	15	11	10	14	13
10	9	13	12	8	15	2	4	14	1	11	16	7	3	5	6
9	10	7	14	3	13	16	6	5	12	1	4	15	11	2	8
16	2	8	6	9	4	10	14	7	3	15	11	12	5	13	1
1	12	3	15	2	8	11	5	16	6	14	13	10	7	4	9
11	13	5	4	15	1	7	12	10	9	2	8	16	6	3	14
13	6	9	7	11	2	3	16	8	14	10	1	5	4	15	12
3	1	16	2	6	14	13	15	4	5	7	12	8	9	10	11
14	5	11	8	12	7	4	10	15	2	16	9	13	1	6	3
12	15	4	10	5	9	8	1	11	13	3	6	2	14	7	16
8	3	1	11	14	6	5	13	2	15	9	10	4	12	16	7
2	4	12	9	7	11	15	8	3	16	6	5	14	13	1	10
15	14	10	13	16	12	9	3	1	4	8	7	6	2	11	5
7	16	6	5	4	10	1	2	12	11	13	14	3	8	9	15

4

solutions page

5	15	2	16	10	4	13	9	12	1	8	14	3	7	6	11
3	10	4	9	2	11	16	8	13	5	6	7	1	15	14	12
8	14	7	6	5	12	1	3	10	16	11	15	2	9	4	13
13	12	1	11	14	7	6	15	4	9	2	3	16	8	5	10
2	1	3	10	6	15	12	7	9	14	16	8	11	4	13	5
4	7	16	13	8	14	9	2	5	6	1	11	12	10	15	3
9	11	6	12	13	16	3	5	2	4	15	10	14	1	7	8
15	8	14	5	1	10	4	11	3	7	13	12	9	6	2	16
1	13	5	3	7	2	10	16	14	11	9	6	4	12	8	15
10	9	8	14	12	3	15	6	1	13	5	4	7	16	11	2
11	2	15	7	9	1	14	4	8	12	10	16	5	13	3	6
6	16	12	4	11	8	5	13	15	3	7	2	10	14	9	1
12	5	10	2	16	6	8	14	11	15	4	9	13	3	1	7
7	4	11	8	15	9	2	1	16	10	3	13	6	5	12	14
16	6	9	1	3	13	11	12	7	8	14	5	15	2	10	4
14	3	13	15	4	5	7	10	6	2	12	1	8	11	16	9

5

solutions page

6	14	8	5	16	2	1	3	11	9	7	12	10	4	15	13
1	3	16	2	15	13	14	12	8	4	10	6	5	7	11	9
12	7	11	13	6	4	9	10	3	16	15	5	8	14	1	2
15	4	10	9	7	8	5	11	2	1	13	14	16	3	12	6
10	1	14	7	4	16	8	2	5	6	11	15	13	9	3	12
4	15	12	11	10	6	7	13	16	8	3	9	2	1	14	5
9	8	13	16	14	11	3	5	1	7	12	2	6	10	4	15
3	5	2	6	12	9	15	1	13	10	14	4	7	11	8	16
8	16	1	12	2	7	4	14	15	5	9	10	3	6	13	11
7	6	4	10	13	5	11	9	14	3	16	1	12	15	2	8
2	11	9	14	1	3	16	15	12	13	6	8	4	5	10	7
5	13	15	3	8	12	10	6	4	11	2	7	14	16	9	1
11	10	5	8	3	15	2	4	6	12	1	16	9	13	7	14
14	2	6	1	9	10	13	16	7	15	8	3	11	12	5	4
13	12	3	15	5	14	6	7	9	2	4	11	1	8	16	10
16	9	7	4	11	1	12	8	10	14	5	13	15	2	6	3

6

solutions page

12	15	1	2	11	3	4	5	16	7	9	13	8	10	14	6
5	8	13	11	2	9	12	1	6	4	10	14	7	15	16	3
6	3	9	16	7	13	10	14	11	8	12	15	1	2	5	4
14	4	7	10	6	15	8	16	1	2	5	3	9	11	12	13
8	13	12	9	5	1	16	11	4	6	2	10	3	14	7	15
7	5	4	6	12	2	13	3	8	14	15	16	11	1	9	10
11	14	10	15	8	7	6	9	3	13	1	12	5	4	2	16
3	16	2	1	14	4	15	10	7	5	11	9	13	12	6	8
2	11	5	14	4	16	3	6	12	1	7	8	10	13	15	9
1	7	15	3	9	5	2	8	14	10	13	11	16	6	4	12
9	12	16	4	15	10	7	13	5	3	6	2	14	8	11	1
10	6	8	13	1	14	11	12	15	9	16	4	2	7	3	5
13	2	14	8	10	12	5	7	9	16	4	6	15	3	1	11
4	1	6	5	16	8	14	15	10	11	3	7	12	9	13	2
15	9	3	7	13	11	1	4	2	12	8	5	6	16	10	14
16	10	11	12	3	6	9	2	13	15	14	1	4	5	8	7

7

solutions page

5	15	8	10	1	12	6	16	14	7	13	9	3	11	4	2
7	16	9	4	15	2	14	8	3	5	1	11	6	13	12	10
14	2	13	12	7	9	3	11	15	10	6	4	5	16	1	8
6	3	1	11	5	4	10	13	16	8	2	12	14	15	7	9
16	5	4	14	3	15	8	6	10	12	11	7	9	1	2	13
1	11	12	9	10	13	7	2	8	4	16	5	15	3	14	6
3	6	7	2	9	5	12	4	13	1	14	15	10	8	11	16
15	13	10	8	11	16	1	14	9	2	3	6	12	4	5	7
13	12	6	5	16	14	9	15	4	11	8	3	2	7	10	1
10	8	15	7	12	6	11	5	2	16	9	1	13	14	3	4
2	14	11	16	13	3	4	1	12	15	7	10	8	6	9	5
4	9	3	1	8	10	2	7	6	14	5	13	11	12	16	15
11	1	2	15	6	7	16	10	5	3	12	8	4	9	13	14
9	10	16	3	2	8	13	12	1	6	4	14	7	5	15	11
8	4	5	13	14	11	15	3	7	9	10	16	1	2	6	12
12	7	14	6	4	1	5	9	11	13	15	2	16	10	8	3

8

solutions page

7	9	14	3	6	1	8	2	15	10	4	5	11	13	12	16
10	2	12	8	7	15	16	9	3	1	13	11	5	14	6	4
16	4	1	5	13	3	10	11	8	12	14	6	7	15	2	9
6	15	11	13	4	5	12	14	9	16	7	2	3	10	8	1
13	5	2	15	3	14	4	7	12	9	16	8	10	6	1	11
4	11	7	1	9	13	15	16	14	6	10	3	2	12	5	8
12	16	8	6	1	11	2	10	5	7	15	4	9	3	14	13
3	10	9	14	5	12	6	8	2	13	11	1	4	16	15	7
5	3	4	11	14	8	1	13	7	2	12	15	6	9	16	10
8	14	16	10	11	9	7	12	1	4	6	13	15	5	3	2
2	7	15	9	16	10	5	6	11	8	3	14	13	1	4	12
1	13	6	12	2	4	3	15	16	5	9	10	8	7	11	14
15	1	13	7	8	6	14	3	10	11	2	12	16	4	9	5
9	6	10	2	15	16	11	1	4	14	5	7	12	8	13	3
14	12	5	16	10	2	13	4	6	3	8	9	1	11	7	15
11	8	3	4	12	7	9	5	13	15	1	16	14	2	10	6

9

solutions page

2	13	12	4	14	5	6	10	11	7	3	8	9	1	15	16
6	5	3	8	13	9	2	7	15	4	16	1	12	11	14	10
15	1	11	14	3	12	16	4	13	2	10	9	5	8	7	6
7	9	10	16	8	11	1	15	6	5	12	14	4	2	13	3
8	15	9	5	4	13	3	16	10	6	7	12	1	14	11	2
4	11	13	1	6	8	12	14	3	9	2	16	7	10	5	15
14	16	7	12	11	2	10	9	4	15	1	5	13	6	3	8
3	6	2	10	7	15	5	1	14	8	11	13	16	4	12	9
11	8	6	2	5	14	4	3	1	13	9	10	15	12	16	7
12	10	1	7	16	6	11	2	5	14	15	3	8	13	9	4
9	4	5	15	12	1	7	13	2	16	8	6	11	3	10	14
13	14	16	3	15	10	9	8	7	12	4	11	6	5	2	1
1	7	14	6	10	3	8	5	9	11	13	15	2	16	4	12
10	3	4	13	2	16	15	12	8	1	5	7	14	9	6	11
5	12	15	9	1	4	14	11	16	3	6	2	10	7	8	13
16	2	8	11	9	7	13	6	12	10	14	4	3	15	1	5

10

solutions page

15	6	7	12	16	2	8	1	14	3	10	11	4	13	9	5
14	10	1	3	11	7	4	9	12	16	13	5	2	6	15	8
4	9	5	11	15	10	12	13	7	2	8	6	3	1	16	14
16	8	13	2	5	14	6	3	15	4	1	9	10	7	12	11
3	1	9	14	2	5	13	12	4	15	7	10	6	8	11	16
6	11	10	16	3	9	15	14	2	12	5	8	1	4	13	7
5	13	12	4	7	8	1	6	11	9	3	16	14	10	2	15
2	7	8	15	4	16	10	11	1	14	6	13	12	3	5	9
12	3	14	1	13	6	5	7	10	11	9	2	15	16	8	4
10	15	4	9	8	3	2	16	6	13	14	1	5	11	7	12
13	16	11	5	10	12	14	4	8	7	15	3	9	2	1	6
8	2	6	7	9	1	11	15	16	5	4	12	13	14	10	3
7	12	3	10	6	4	9	2	13	8	16	15	11	5	14	1
9	4	2	13	1	15	16	8	5	6	11	14	7	12	3	10
1	14	15	8	12	11	7	5	3	10	2	4	16	9	6	13
11	5	16	6	14	13	3	10	9	1	12	7	8	15	4	2

11

solutions page

13	3	1	14	15	6	8	2	16	4	5	7	12	11	9	10
10	4	12	5	1	16	3	7	14	9	15	11	6	2	8	13
16	2	11	9	5	12	4	10	8	13	3	6	1	7	14	15
7	8	6	15	13	14	9	11	1	10	12	2	5	3	16	4
2	13	9	10	16	5	14	12	3	1	6	8	15	4	11	7
6	7	4	11	8	13	10	1	12	2	14	15	16	9	5	3
3	5	14	8	11	2	7	15	13	16	9	4	10	12	1	6
15	12	16	1	4	3	6	9	7	5	11	10	8	14	13	2
12	6	8	3	7	10	15	14	9	11	13	16	2	5	4	1
5	9	2	13	3	8	12	16	4	15	1	14	7	10	6	11
14	1	7	16	9	11	5	4	10	6	2	3	13	15	12	8
11	10	15	4	6	1	2	13	5	7	8	12	14	16	3	9
8	14	3	6	2	9	11	5	15	12	7	1	4	13	10	16
1	11	5	7	12	4	16	3	2	8	10	13	9	6	15	14
9	16	10	2	14	15	13	8	6	3	4	5	11	1	7	12
4	15	13	12	10	7	1	6	11	14	16	9	3	8	2	5

12

solutions page

14	15	9	12	5	3	16	6	7	1	13	4	10	11	8	2
6	5	10	1	12	14	2	8	15	11	9	16	13	4	3	7
7	11	3	4	15	10	13	9	12	6	8	2	5	14	16	1
16	2	8	13	4	1	7	11	10	5	3	14	12	15	6	9
12	6	4	5	10	15	9	14	1	16	2	8	7	3	13	11
9	3	13	11	6	5	1	12	14	4	10	7	8	16	2	15
10	8	16	15	13	7	4	2	6	12	11	3	14	1	9	5
2	7	1	14	8	11	3	16	13	15	5	9	6	12	10	4
5	13	14	8	11	12	15	4	2	3	16	1	9	10	7	6
4	16	12	2	1	6	5	10	8	9	7	15	3	13	11	14
1	10	15	3	7	9	8	13	11	14	12	6	2	5	4	16
11	9	6	7	16	2	14	3	5	10	4	13	15	8	1	12
8	12	11	9	3	4	6	7	16	13	15	5	1	2	14	10
13	14	7	6	2	16	10	5	4	8	1	12	11	9	15	3
3	1	5	16	14	8	11	15	9	2	6	10	4	7	12	13
15	4	2	10	9	13	12	1	3	7	14	11	16	6	5	8

13

solutions page

5	13	7	1	12	4	8	11	16	9	2	10	3	14	15	6
14	15	12	3	10	9	13	16	8	11	4	6	1	2	5	7
4	9	6	8	1	15	7	2	12	5	3	14	10	16	13	11
2	11	16	10	14	5	3	6	13	7	15	1	4	12	9	8
15	12	13	9	3	16	14	10	7	6	11	5	2	1	8	4
1	16	11	5	6	8	12	9	2	14	13	4	7	10	3	15
6	3	2	4	15	7	5	1	9	8	10	12	16	11	14	13
7	8	10	14	13	11	2	4	15	3	1	16	12	5	6	9
16	4	15	2	11	12	9	14	5	13	8	3	6	7	10	1
13	1	8	12	4	10	15	5	11	16	6	7	9	3	2	14
3	5	9	6	2	13	16	7	10	1	14	15	11	8	4	12
11	10	14	7	8	1	6	3	4	2	12	9	15	13	16	5
10	6	4	16	9	14	11	8	3	12	7	13	5	15	1	2
12	14	5	11	16	3	4	13	1	15	9	2	8	6	7	10
9	2	3	15	7	6	1	12	14	10	5	8	13	4	11	16
8	7	1	13	5	2	10	15	6	4	16	11	14	9	12	3

14

solutions page

8	16	13	2	12	7	3	14	6	10	9	15	5	11	1	4
12	5	15	3	4	1	10	8	13	7	14	11	16	2	9	6
6	7	1	11	16	13	15	9	12	2	4	5	3	14	8	10
4	9	14	10	11	2	5	6	1	16	8	3	12	15	13	7
3	11	12	7	14	4	8	5	2	9	15	10	1	13	6	16
14	2	8	13	7	11	9	12	16	4	1	6	15	3	10	5
5	15	4	1	6	16	13	10	7	3	12	8	11	9	14	2
16	6	10	9	2	15	1	3	11	13	5	14	7	4	12	8
2	3	9	8	10	6	12	16	4	5	13	7	14	1	11	15
11	12	16	15	3	8	4	7	14	1	6	2	9	10	5	13
10	4	6	14	1	5	11	13	9	15	3	16	2	8	7	12
13	1	7	5	9	14	2	15	8	11	10	12	6	16	4	3
9	13	11	6	15	12	14	2	3	8	7	4	10	5	16	1
7	10	2	16	8	3	6	1	5	14	11	13	4	12	15	9
15	14	5	12	13	9	16	4	10	6	2	1	8	7	3	11
1	8	3	4	5	10	7	11	15	12	16	9	13	6	2	14

15

solutions page

12	9	2	13	1	7	4	6	8	5	11	10	14	16	15	3
8	11	16	1	9	12	14	10	7	4	3	15	13	2	6	5
14	4	5	3	16	11	13	15	1	6	2	12	10	8	7	9
10	7	6	15	3	2	5	8	13	16	14	9	11	4	1	12
1	6	7	5	10	9	2	4	14	3	13	8	12	15	16	11
4	2	11	14	12	6	15	16	10	1	7	5	9	13	3	8
13	3	8	9	14	1	11	7	16	12	15	6	2	10	5	4
15	16	12	10	5	3	8	13	4	2	9	11	6	7	14	1
3	5	1	16	2	14	9	11	6	15	10	7	4	12	8	13
6	15	10	4	13	8	12	5	3	9	16	1	7	11	2	14
11	8	14	7	6	4	10	3	12	13	5	2	15	1	9	16
9	12	13	2	15	16	7	1	11	14	8	4	3	5	10	6
7	10	4	12	11	15	1	14	9	8	6	16	5	3	13	2
5	1	9	11	8	13	6	2	15	10	4	3	16	14	12	7
16	13	15	6	4	5	3	12	2	7	1	14	8	9	11	10
2	14	3	8	7	10	16	9	5	11	12	13	1	6	4	15

16

solutions page

14	16	10	13	15	7	3	1	8	6	5	2	12	9	4	11
5	7	8	2	13	10	14	6	9	11	4	12	15	1	3	16
12	6	1	4	2	8	11	9	14	3	15	16	7	13	10	5
11	3	9	15	4	12	5	16	7	1	10	13	6	2	14	8
4	2	5	3	10	16	12	13	15	14	7	9	11	8	6	1
1	12	7	11	9	14	2	5	10	8	3	6	13	15	16	4
8	14	13	16	7	3	6	15	4	2	11	1	5	10	12	9
6	9	15	10	11	4	1	8	12	13	16	5	2	14	7	3
9	10	2	7	1	6	4	3	5	16	14	15	8	12	11	13
13	4	12	6	16	11	8	7	3	9	1	10	14	5	2	15
3	8	16	14	5	9	15	10	13	12	2	11	4	7	1	6
15	5	11	1	12	2	13	14	6	4	8	7	16	3	9	10
16	11	4	9	8	1	10	12	2	5	13	14	3	6	15	7
2	15	3	12	6	5	7	4	16	10	9	8	1	11	13	14
7	1	14	5	3	13	9	2	11	15	6	4	10	16	8	12
10	13	6	8	14	15	16	11	1	7	12	3	9	4	5	2

17

solutions page

4	13	5	14	16	6	10	15	3	9	12	11	7	8	1	2
6	2	9	10	14	3	11	5	1	7	15	8	16	4	12	13
12	1	8	3	13	9	2	7	10	14	4	16	5	15	6	11
11	7	15	16	12	4	8	1	13	5	2	6	14	9	3	10
7	12	14	2	6	8	16	4	5	15	1	3	10	13	11	9
1	6	10	15	2	13	9	12	4	16	11	14	8	7	5	3
3	4	11	8	7	10	5	14	2	6	13	9	12	16	15	1
16	9	13	5	15	11	1	3	7	12	8	10	6	2	4	14
15	11	7	4	9	16	14	8	6	1	10	2	3	12	13	5
5	14	12	6	10	2	15	13	16	4	3	7	1	11	9	8
2	10	3	9	5	1	12	11	15	8	14	13	4	6	16	7
8	16	1	13	4	7	3	6	12	11	9	5	2	14	10	15
9	3	4	7	8	15	13	16	14	10	5	12	11	1	2	6
10	15	2	1	11	14	6	9	8	3	16	4	13	5	7	12
14	5	6	11	3	12	4	2	9	13	7	1	15	10	8	16
13	8	16	12	1	5	7	10	11	2	6	15	9	3	14	4

18

solutions page

4	1	15	16	8	3	10	9	2	5	6	11	14	13	12	7
7	10	9	2	13	5	11	16	1	4	12	14	15	3	8	6
14	12	11	13	7	2	4	6	16	15	8	3	5	10	1	9
8	5	3	6	14	15	12	1	7	10	9	13	2	11	4	16
1	11	7	10	2	6	8	5	12	9	16	4	13	14	15	3
3	6	13	5	15	4	7	12	10	14	2	1	16	8	9	11
15	4	12	9	16	13	3	14	6	8	11	7	1	2	10	5
16	8	2	14	10	9	1	11	3	13	15	5	6	4	7	12
12	7	8	3	9	11	5	10	15	1	13	2	4	6	16	14
5	2	1	11	12	7	14	8	4	6	3	16	10	9	13	15
9	14	16	15	6	1	13	4	5	7	10	8	11	12	3	2
6	13	10	4	3	16	15	2	9	11	14	12	7	1	5	8
11	16	14	12	5	8	9	7	13	2	4	10	3	15	6	1
2	3	6	7	4	10	16	15	14	12	1	9	8	5	11	13
10	15	5	8	1	12	2	13	11	3	7	6	9	16	14	4
13	9	4	1	11	14	6	3	8	16	5	15	12	7	2	10

19

solutions page

7	13	11	12	4	16	14	3	8	9	2	5	10	15	1	6
4	14	6	9	10	12	13	7	11	16	1	15	2	3	8	5
15	1	16	2	8	9	11	5	6	13	3	10	4	14	7	12
3	8	10	5	6	2	15	1	4	12	14	7	11	13	16	9
6	12	9	14	13	4	7	15	1	2	8	11	3	10	5	16
5	11	13	3	16	10	6	8	14	7	15	4	1	12	9	2
10	16	7	1	5	14	12	2	13	6	9	3	15	8	11	4
8	2	15	4	3	11	1	9	12	5	10	16	6	7	14	13
1	7	5	13	11	6	8	4	3	15	12	14	16	9	2	10
14	4	3	15	2	5	9	16	10	1	13	6	8	11	12	7
2	10	8	6	15	7	3	12	5	11	16	9	13	1	4	14
16	9	12	11	14	1	10	13	2	4	7	8	5	6	3	15
11	6	2	10	9	15	4	14	7	8	5	1	12	16	13	3
12	15	14	8	7	3	2	11	16	10	4	13	9	5	6	1
13	3	1	16	12	8	5	10	9	14	6	2	7	4	15	11
9	5	4	7	1	13	16	6	15	3	11	12	14	2	10	8

20

solutions page

2	5	8	11	1	6	12	9	10	14	15	16	13	3	7	4
15	4	13	9	7	10	16	14	8	2	11	3	5	1	12	6
7	3	10	1	4	8	11	15	6	5	13	12	9	2	16	14
12	6	14	16	5	2	3	13	1	9	4	7	8	15	11	10
11	1	15	14	6	9	13	2	5	7	16	10	3	4	8	12
3	9	7	2	14	11	15	4	12	8	1	13	10	16	6	5
16	8	6	12	3	5	1	10	2	4	9	11	15	13	14	7
4	10	5	13	16	12	7	8	14	6	3	15	11	9	1	2
8	13	12	15	9	7	4	6	16	1	5	2	14	10	3	11
6	14	4	10	13	16	5	1	3	11	12	9	7	8	2	15
5	16	11	7	12	14	2	3	4	15	10	8	1	6	13	9
9	2	1	3	8	15	10	11	7	13	14	6	12	5	4	16
1	7	2	5	15	4	6	12	9	3	8	14	16	11	10	13
14	11	9	6	2	3	8	16	13	10	7	5	4	12	15	1
10	12	3	4	11	13	9	7	15	16	6	1	2	14	5	8
13	15	16	8	10	1	14	5	11	12	2	4	6	7	9	3

21

solutions page

12	14	9	8	16	4	11	2	13	5	15	10	3	7	6	1
6	5	11	15	12	3	13	7	16	4	9	1	8	2	14	10
4	16	13	2	15	1	14	10	3	6	7	8	9	12	5	11
7	3	1	10	9	5	6	8	12	2	11	14	15	4	16	13
16	8	3	12	13	11	2	4	9	7	5	6	14	10	1	15
13	10	4	6	3	12	7	14	11	1	8	15	5	16	2	9
9	7	2	14	8	15	5	1	10	13	3	16	12	11	4	6
1	15	5	11	10	9	16	6	14	12	4	2	13	8	7	3
8	13	6	4	1	10	9	11	15	14	16	5	2	3	12	7
15	12	14	16	7	8	3	5	6	10	2	9	11	1	13	4
3	1	10	5	14	2	4	13	8	11	12	7	6	9	15	16
11	2	7	9	6	16	15	12	4	3	1	13	10	5	8	14
10	9	12	3	2	6	1	16	5	15	13	4	7	14	11	8
5	11	16	13	4	14	8	3	7	9	6	12	1	15	10	2
2	4	15	7	5	13	10	9	1	8	14	11	16	6	3	12
14	6	8	1	11	7	12	15	2	16	10	3	4	13	9	5

22

solutions page

7	6	12	4	14	1	5	9	11	15	13	8	2	10	3	16
5	15	3	11	4	8	10	6	16	2	14	1	13	12	7	9
9	2	16	10	13	7	3	11	5	4	6	12	8	15	1	14
14	1	13	8	2	12	16	15	10	9	3	7	4	11	6	5
12	11	6	14	15	9	2	7	3	8	10	4	1	16	5	13
15	7	4	2	5	3	8	13	6	11	1	16	14	9	12	10
16	10	8	1	11	6	12	4	13	14	9	5	15	3	2	7
3	13	9	5	1	10	14	16	12	7	2	15	11	6	8	4
6	3	5	13	7	14	11	8	2	16	15	9	12	4	10	1
4	8	15	12	3	5	1	2	7	13	11	10	16	14	9	6
11	9	10	16	6	4	13	12	1	3	8	14	5	7	15	2
1	14	2	7	16	15	9	10	4	5	12	6	3	8	13	11
2	5	11	9	10	13	4	14	8	12	7	3	6	1	16	15
13	4	7	15	8	2	6	3	9	1	16	11	10	5	14	12
8	16	14	6	12	11	7	1	15	10	5	2	9	13	4	3
10	12	1	3	9	16	15	5	14	6	4	13	7	2	11	8

23

solutions page

15	6	10	13	16	2	12	4	5	14	7	11	8	1	3	9
7	8	4	16	5	11	10	15	2	9	3	1	14	12	6	13
5	1	3	14	13	7	9	8	16	12	10	6	15	4	11	2
12	2	9	11	6	1	14	3	8	15	4	13	10	16	7	5
2	14	7	10	12	5	4	11	3	16	1	8	6	13	9	15
8	12	5	15	14	3	13	9	4	2	6	7	11	10	16	1
3	9	16	6	1	8	15	7	13	11	12	10	2	5	4	14
4	11	13	1	10	16	6	2	9	5	14	15	7	3	12	8
9	16	1	8	4	15	7	10	11	6	2	12	5	14	13	3
6	7	2	5	8	12	1	14	15	13	16	3	4	9	10	11
11	3	15	12	2	9	16	13	10	4	5	14	1	7	8	6
13	10	14	4	3	6	11	5	1	7	8	9	12	15	2	16
16	5	6	7	11	10	2	1	14	3	13	4	9	8	15	12
14	15	12	2	7	4	3	16	6	8	9	5	13	11	1	10
10	4	8	9	15	13	5	6	12	1	11	16	3	2	14	7
1	13	11	3	9	14	8	12	7	10	15	2	16	6	5	4

24

solutions page

12	3	8	9	4	5	6	13	11	10	14	16	2	7	15	1
2	13	7	6	16	1	10	3	4	9	8	15	11	12	5	14
16	4	1	11	2	12	15	14	7	3	5	6	8	10	9	13
5	15	14	10	8	9	7	11	1	13	12	2	6	3	16	4
4	10	5	14	1	13	2	9	15	6	7	11	16	8	12	3
7	11	6	8	15	3	16	5	2	14	4	12	10	13	1	9
1	16	3	12	14	11	4	7	10	8	9	13	5	6	2	15
13	9	15	2	12	6	8	10	5	16	1	3	14	4	7	11
15	2	16	1	5	4	11	12	8	7	13	9	3	14	10	6
10	12	11	5	7	15	9	2	6	4	3	14	13	1	8	16
8	7	4	3	13	14	1	6	16	5	15	10	9	2	11	12
14	6	9	13	10	8	3	16	12	11	2	1	15	5	4	7
6	1	13	16	3	10	5	4	9	2	11	7	12	15	14	8
11	14	10	7	6	2	12	1	3	15	16	8	4	9	13	5
9	8	2	4	11	7	14	15	13	12	6	5	1	16	3	10
3	5	12	15	9	16	13	8	14	1	10	4	7	11	6	2

25

solutions page

5	12	8	1	3	10	9	15	2	14	13	11	4	6	7	16
10	14	15	9	5	6	4	1	3	12	7	16	2	8	13	11
2	16	11	3	8	13	7	12	1	5	6	4	14	10	9	15
6	7	13	4	16	11	14	2	10	15	9	8	1	3	5	12
1	8	5	2	4	9	10	6	16	7	11	14	12	13	15	3
16	15	6	13	2	7	5	14	9	1	3	12	11	4	8	10
14	3	7	12	11	1	13	8	4	6	10	15	16	5	2	9
4	10	9	11	12	3	15	16	5	13	8	2	7	14	1	6
9	5	1	15	6	14	3	4	7	2	12	10	8	16	11	13
3	11	14	10	9	8	2	5	15	16	1	13	6	7	12	4
7	6	2	16	1	12	11	13	14	8	4	3	9	15	10	5
13	4	12	8	7	15	16	10	11	9	5	6	3	2	14	1
15	2	4	5	13	16	12	3	8	11	14	9	10	1	6	7
8	13	3	6	14	4	1	9	12	10	15	7	5	11	16	2
12	1	10	7	15	2	8	11	6	3	16	5	13	9	4	14
11	9	16	14	10	5	6	7	13	4	2	1	15	12	3	8

26

solutions page

1	16	11	5	2	8	15	10	13	3	9	6	7	14	12	4
10	8	2	9	1	3	14	4	11	12	15	7	13	16	5	6
15	6	12	3	9	13	16	7	5	10	4	14	2	11	1	8
13	14	7	4	6	12	5	11	2	1	8	16	3	9	10	15
8	7	3	6	14	1	13	16	4	15	10	11	12	2	9	5
14	12	10	11	8	5	3	2	1	16	13	9	6	4	15	7
2	5	15	1	7	10	4	9	8	6	14	12	16	13	11	3
16	9	4	13	15	6	11	12	3	2	7	5	14	1	8	10
11	15	1	8	16	4	2	14	10	13	12	3	5	6	7	9
7	10	5	12	3	15	9	1	16	4	6	2	11	8	14	13
9	2	6	14	12	11	10	13	15	7	5	8	1	3	4	16
4	3	13	16	5	7	6	8	14	9	11	1	10	15	2	12
3	1	9	15	13	16	7	5	12	11	2	4	8	10	6	14
6	4	16	2	11	14	12	15	7	8	3	10	9	5	13	1
12	11	14	10	4	9	8	3	6	5	1	13	15	7	16	2
5	13	8	7	10	2	1	6	9	14	16	15	4	12	3	11

27

solutions page

11	6	16	14	10	3	9	15	1	12	13	7	5	2	4	8
10	3	5	8	4	6	1	16	11	2	9	15	14	13	7	12
1	7	2	9	13	14	12	5	10	16	8	4	3	11	15	6
12	4	15	13	8	7	2	11	14	5	6	3	1	16	10	9
8	5	11	3	12	10	4	13	9	15	2	14	7	1	6	16
13	9	4	10	6	16	11	2	7	3	5	1	8	12	14	15
6	1	12	2	15	5	14	7	13	11	16	8	9	4	3	10
16	15	14	7	9	1	8	3	6	4	10	12	11	5	2	13
3	8	6	12	1	4	15	10	5	14	11	13	2	9	16	7
9	16	1	11	14	12	5	6	8	10	7	2	15	3	13	4
14	13	10	5	3	2	7	8	15	9	4	16	12	6	1	11
15	2	7	4	11	13	16	9	3	1	12	6	10	14	8	5
5	11	9	6	16	15	3	14	4	7	1	10	13	8	12	2
4	12	8	16	7	11	10	1	2	13	3	9	6	15	5	14
7	14	13	1	2	9	6	12	16	8	15	5	4	10	11	3
2	10	3	15	5	8	13	4	12	6	14	11	16	7	9	1

28

solutions page

16	2	15	11	3	9	5	13	12	4	6	8	7	1	10	14
8	3	12	6	16	10	7	4	14	13	11	1	5	2	9	15
7	10	1	4	11	6	2	14	16	9	5	15	12	13	8	3
9	5	13	14	12	1	8	15	10	7	3	2	4	11	16	6
11	7	5	1	8	3	14	12	9	15	16	4	2	10	6	13
15	12	9	13	4	11	10	6	7	14	2	5	8	3	1	16
3	4	6	8	5	15	16	2	1	10	13	11	9	14	7	12
2	14	10	16	9	13	1	7	3	12	8	6	15	5	11	4
10	8	14	7	13	16	12	5	2	6	9	3	1	15	4	11
1	6	2	5	14	8	11	9	4	16	15	7	3	12	13	10
12	13	3	9	2	4	15	1	11	8	14	10	16	6	5	7
4	11	16	15	10	7	6	3	13	5	1	12	14	8	2	9
13	1	4	12	7	14	3	8	6	2	10	9	11	16	15	5
14	9	11	2	15	12	13	10	5	1	4	16	6	7	3	8
6	16	8	10	1	5	9	11	15	3	7	14	13	4	12	2
5	15	7	3	6	2	4	16	8	11	12	13	10	9	14	1

29

solutions page

9	14	2	1	7	6	3	4	10	16	8	5	15	13	11	12
6	3	11	12	2	8	1	14	15	9	4	13	5	16	7	10
10	4	13	8	15	12	16	5	1	11	2	7	6	14	9	3
15	16	5	7	10	9	11	13	14	12	3	6	4	1	8	2
3	2	14	13	11	15	8	10	6	1	5	4	9	12	16	7
7	6	9	16	5	4	14	3	13	2	11	12	8	15	10	1
4	10	1	5	9	2	7	12	16	15	14	8	3	6	13	11
8	12	15	11	1	16	13	6	3	7	9	10	2	5	4	14
14	5	3	6	13	1	15	16	4	10	12	9	11	7	2	8
12	8	16	9	4	11	5	2	7	3	13	14	1	10	15	6
13	11	7	15	14	10	12	9	8	6	1	2	16	4	3	5
2	1	4	10	3	7	6	8	11	5	16	15	12	9	14	13
11	9	10	2	8	5	4	15	12	13	7	1	14	3	6	16
16	13	6	3	12	14	9	7	5	8	15	11	10	2	1	4
1	7	12	14	6	3	2	11	9	4	10	16	13	8	5	15
5	15	8	4	16	13	10	1	2	14	6	3	7	11	12	9

30

solutions page

4	5	14	3	12	9	1	7	2	16	15	11	6	13	8	10
16	7	9	15	3	2	8	4	6	10	12	13	5	14	11	1
11	8	10	6	16	15	14	13	4	5	1	7	12	9	2	3
1	13	12	2	5	10	6	11	8	14	9	3	4	15	7	16
2	1	16	9	4	8	3	10	5	6	13	15	11	7	12	14
10	15	5	11	7	16	12	9	14	8	4	2	3	6	1	13
6	12	7	4	14	5	13	2	11	3	16	1	8	10	15	9
3	14	8	13	11	6	15	1	7	12	10	9	16	4	5	2
7	6	4	14	13	12	5	16	9	1	2	10	15	11	3	8
5	16	3	12	9	4	10	15	13	7	11	8	2	1	14	6
13	2	11	8	6	1	7	14	12	15	3	5	9	16	10	4
9	10	15	1	2	3	11	8	16	4	6	14	7	12	13	5
15	9	2	7	1	11	16	3	10	13	8	4	14	5	6	12
14	4	13	10	8	7	2	12	15	9	5	6	1	3	16	11
12	11	1	5	10	14	9	6	3	2	7	16	13	8	4	15
8	3	6	16	15	13	4	5	1	11	14	12	10	2	9	7

31

solutions page

11	15	9	2	8	7	3	13	10	4	12	14	16	1	5	6
14	10	12	3	2	5	11	15	1	7	6	16	9	4	8	13
13	8	1	16	4	10	6	14	15	3	5	9	7	2	11	12
5	7	4	6	16	1	12	9	13	2	8	11	15	14	10	3
3	1	6	13	14	12	7	2	5	11	16	8	10	9	15	4
15	12	8	5	1	13	10	11	2	6	9	4	14	3	16	7
16	14	10	4	15	6	9	8	12	1	3	7	2	11	13	5
2	9	11	7	5	4	16	3	14	10	15	13	1	6	12	8
7	6	16	14	12	2	5	10	4	15	1	3	13	8	9	11
9	13	15	11	6	3	1	4	7	8	10	5	12	16	2	14
1	5	3	8	11	14	15	16	9	13	2	12	6	7	4	10
10	4	2	12	9	8	13	7	11	16	14	6	5	15	3	1
6	11	14	15	10	9	2	5	8	12	4	1	3	13	7	16
12	16	5	9	13	11	8	6	3	14	7	15	4	10	1	2
4	3	13	10	7	15	14	1	16	5	11	2	8	12	6	9
8	2	7	1	3	16	4	12	6	9	13	10	11	5	14	15

32

solutions page

5	3	15	4	9	14	11	10	6	2	7	1	16	12	8	13
7	8	14	12	4	2	16	6	15	13	11	10	1	9	5	3
6	2	9	13	15	12	1	7	3	16	8	5	10	11	14	4
10	11	16	1	13	3	8	5	14	12	9	4	2	7	6	15
15	4	2	14	11	6	12	8	1	9	16	7	13	5	3	10
12	16	13	6	7	15	9	3	8	10	5	14	4	2	1	11
3	10	8	9	14	1	5	16	4	11	2	13	15	6	12	7
11	1	5	7	10	13	4	2	12	3	15	6	9	14	16	8
1	12	10	2	16	7	13	11	9	6	3	8	5	4	15	14
9	5	6	16	8	4	2	1	11	7	14	15	3	10	13	12
4	15	11	3	12	5	6	14	10	1	13	16	7	8	2	9
14	13	7	8	3	9	10	15	2	5	4	12	6	1	11	16
16	7	3	5	6	8	14	9	13	4	1	11	12	15	10	2
8	14	12	10	2	16	3	4	5	15	6	9	11	13	7	1
13	9	1	15	5	11	7	12	16	14	10	2	8	3	4	6
2	6	4	11	1	10	15	13	7	8	12	3	14	16	9	5

33

solutions page

7	13	2	1	15	3	5	14	16	9	12	10	4	8	6	11
4	10	9	12	7	8	16	11	13	1	2	6	14	15	5	3
11	5	15	8	10	12	13	6	3	4	7	14	9	2	1	16
14	16	3	6	9	2	4	1	15	11	8	5	7	13	12	10
8	1	12	10	14	11	7	4	9	5	13	2	6	3	16	15
5	6	16	9	1	10	2	12	4	8	3	15	11	7	14	13
2	7	4	11	16	13	15	3	1	6	14	12	5	10	8	9
3	14	13	15	6	5	8	9	11	10	16	7	2	12	4	1
1	2	11	4	8	6	14	15	5	7	9	3	10	16	13	12
10	8	7	14	12	16	3	2	6	15	4	13	1	11	9	5
9	3	6	13	5	7	1	10	12	14	11	16	8	4	15	2
15	12	5	16	11	4	9	13	10	2	1	8	3	6	7	14
16	15	14	3	2	9	10	8	7	13	5	4	12	1	11	6
6	9	10	5	4	1	12	7	2	16	15	11	13	14	3	8
12	4	8	2	13	15	11	5	14	3	6	1	16	9	10	7
13	11	1	7	3	14	6	16	8	12	10	9	15	5	2	4

34

solutions page

12	10	9	4	1	11	8	3	13	15	2	16	7	5	6	14
11	3	1	13	2	5	14	15	7	9	12	6	10	4	16	8
14	5	16	7	6	4	9	13	1	8	10	3	11	12	15	2
2	6	8	15	10	12	7	16	14	4	11	5	3	9	1	13
1	16	5	9	14	2	10	8	4	12	6	13	15	7	11	3
10	15	6	3	4	9	16	7	5	1	8	11	2	13	14	12
7	2	11	12	13	3	6	1	10	14	16	15	4	8	5	9
4	13	14	8	5	15	11	12	9	7	3	2	6	16	10	1
13	12	15	1	8	6	4	11	3	16	14	7	9	10	2	5
5	11	4	16	15	13	1	14	6	2	9	10	8	3	12	7
6	8	7	2	9	16	3	10	11	5	4	12	14	1	13	15
3	9	10	14	12	7	2	5	15	13	1	8	16	6	4	11
9	14	12	5	11	10	13	2	16	3	7	4	1	15	8	6
8	1	3	10	16	14	15	6	12	11	13	9	5	2	7	4
15	4	2	6	7	1	12	9	8	10	5	14	13	11	3	16
16	7	13	11	3	8	5	4	2	6	15	1	12	14	9	10

35

solutions page

9	2	11	6	4	14	8	5	3	15	12	16	1	13	10	7
3	10	15	14	11	9	13	2	5	1	7	4	12	16	8	6
13	16	4	7	10	15	12	1	11	9	8	6	3	5	14	2
12	5	8	1	3	6	16	7	2	14	13	10	4	11	15	9
6	1	14	2	5	12	10	13	16	8	4	9	15	3	7	11
5	7	13	16	8	11	3	9	12	6	14	15	10	2	4	1
10	9	3	8	7	16	15	4	13	11	1	2	5	14	6	12
4	11	12	15	2	1	14	6	7	3	10	5	16	9	13	8
7	15	5	3	16	8	4	14	1	10	2	11	6	12	9	13
2	13	6	11	1	5	9	3	8	4	15	12	14	7	16	10
1	4	16	12	6	7	2	10	14	13	9	3	11	8	5	15
8	14	9	10	15	13	11	12	6	5	16	7	2	4	1	3
11	3	10	5	9	4	7	16	15	12	6	13	8	1	2	14
16	12	2	9	14	10	1	15	4	7	11	8	13	6	3	5
14	8	7	4	13	3	6	11	10	2	5	1	9	15	12	16
15	6	1	13	12	2	5	8	9	16	3	14	7	10	11	4

36

solutions page

1	4	14	8	3	7	9	6	13	5	2	16	15	12	10	11
5	6	16	7	14	4	8	10	15	9	12	11	1	13	3	2
13	10	9	12	5	11	15	2	8	3	4	1	14	6	7	16
2	11	3	15	13	1	12	16	10	14	7	6	4	9	5	8
4	14	11	2	6	9	7	12	3	1	10	13	16	8	15	5
9	12	8	6	1	2	14	3	16	4	15	5	10	7	11	13
7	13	1	3	15	10	16	5	12	6	11	8	9	14	2	4
10	16	15	5	4	13	11	8	9	2	14	7	6	3	1	12
8	3	7	16	2	15	10	11	14	13	5	9	12	4	6	1
12	1	5	11	7	3	13	14	2	16	6	4	8	10	9	15
14	9	13	4	8	12	6	1	11	15	3	10	2	5	16	7
15	2	6	10	16	5	4	9	1	7	8	12	13	11	14	3
11	5	10	14	12	6	3	15	4	8	1	2	7	16	13	9
3	15	4	13	9	8	1	7	5	10	16	14	11	2	12	6
6	8	12	1	10	16	2	13	7	11	9	3	5	15	4	14
16	7	2	9	11	14	5	4	6	12	13	15	3	1	8	10

37

www.ingramcontent.com/pod-product-compliance
Lightning Source LLC
Chambersburg PA
CBHW062246290526
45794CB00006B/2423